Prof. Enos Masheija Rwantale Kiremire

OS BORANOS DE FORMA SIMPLES

Prof. Enos Masheija Rwantale Kiremire

OS BORANOS DE FORMA SIMPLES

ScienciaScripts

Imprint

Cover image: www.ingimage.com

This book is a translation from the original published under ISBN 978-3-659-74932-2.

Publisher:
Sciencia Scripts
is a trademark of
Dodo Books Indian Ocean Ltd. and OmniScriptum S.R.L publishing group

120 High Road, East Finchley, London, N2 9ED, United Kingdom
Str. Armeneasca 28/1, office 1, Chisinau MD-2012, Republic of Moldova, Europe
Printed at: see last page
ISBN: 978-620-8-33669-1

OS BORANOS DE FORMA SIMPLES

A descoberta dos números esqueléticos, há mais de 10 anos, facilitou a explicação da ordem dentro dos grupos químicos e dos elementos. Para além disso, este conhecimento facilitou uma compreensão mais profunda da constituição dos grupos químicos. Apresenta-se de seguida uma amostra da tabela periódica dos elementos químicos com os seus números esqueléticos recentemente descobertos.

A TABELA PERIÓDICA COM NÚMEROS ESQUELÉTICOS

Key: element name / atomic number / **symbol** / skeletal number

1	2	3	4	5	6	7	8	9	10	11	12	13	14	15	16	17	18
hydrogen 1 **H** 0.5																	helium 2 **He** 0
lithium 3 **Li** 3.5	beryllium 4 **Be** 3											boron 5 **B** 2.5	carbon 6 **C** 2	nitrogen 7 **N** 1.5	oxygen 8 **O** 1	fluorine 9 **F** 0.5	neon 10 **Ne** 0
sodium 11 **Na** 3.5	magnesium 12 **Mg** 3											aluminium 13 **Al** 2.5	silicon 14 **Si** 2	phosphorus 15 **P** 1.5	sulphur 16 **S** 1	chlorine 17 **Cl** 0.5	argon 18 **Ar** 0
potassium 19 **K** 3.5	calcium 20 **Ca** 3	scandium 21 **Sc** 7.5	titanium 22 **Ti** 7	vanadium 23 **V** 6.5	chromium 24 **Cr** 6	manganese 25 **Mn** 5.5	iron 26 **Fe** 5	cobalt 27 **Co** 4.5	nickel 28 **Ni** 4	copper 29 **Cu** 3.5	zinc 30 **Zn** 3	gallium 31 **Ga** 2.5	germanium 32 **Ge** 2	arsenic 33 **As** 1.5	selenium 34 **Se** 1	bromine 35 **Br** 0.5	krypton 36 **Kr** 0
rubidium 37 **Rb** 3.5	strontium 38 **Sr** 3	yttrium 39 **Y** 7.5	zirconium 40 **Zr** 7	niobium 41 **Nb** 6.5	molybdenum 42 **Mo** 6	technetium 43 **Tc** 5.5	ruthenium 44 **Ru** 5	rhodium 45 **Rh** 4.5	palladium 46 **Pd** 4	silver 47 **Ag** 3.5	cadmium 48 **Cd** 3	indium 49 **In** 2.5	tin 50 **Sn** 2	antimony 51 **Sb** 1.5	tellurium 52 **Te** 1	iodine 53 **I** 0.5	xenon 54 **Xe** 0
caesium 55 **Cs** 3.5	barium 56 **Ba** 3		hafnium 72 **Hf** 7	tantalum 73 **Ta** 6.5	tungsten 74 **W** 6	rhenium 75 **Re** 5.5	osmium 76 **Os** 5	iridium 77 **Ir** 4.5	platinum 78 **Pt** 4	gold 79 **Au** 3.5	mercury 80 **Hg** 3	thallium 81 **Tl** 2.5	lead 82 **Pb** 2	bismuth 83 **Bi** 1.5	polonium 84 **Po** 1	astatine 85 **At** 0.5	radon 86 **Rn** 0
francium 87 **Fr** 3.5	radium 88 **Ra** 3		rutherfordium 104 **Rf** 7	dubnium 105 **Db** 6.5	seaborgium 106 **Sg** 6	bohrium 107 **Bh** 5.5	hassium 108 **Hs** 5	meitnerium 109 **Mt** 4.5	darmstadtium 110 **Ds** 4	roentgenium 111 **Rg** 3.5	ununbium 112 **Uub** 3						

lanthanum 57 **La** 14.5	cerium 58 **Ce** 14	praseodymium 59 **Pr** 13.5	neodymium 60 **Nd** 13	promethium 61 **Pm** 12.5	samarium 62 **Sm** 12	europium 63 **Eu** 11.5	gadolinium 64 **Gd** 11	terbium 65 **Tb** 10.5	dysprosium 66 **Dy** 10	holmium 67 **Ho** 9.5	erbium 68 **Er** 9	thulium 69 **Tm** 8.5	ytterbium 70 **Yb** 8	lutetium 71 **Lu** 7.5
actinium 89 **Ac** 14.5	thorium 90 **Th** 14	protactinium 91 **Pa** 13.5	uranium 92 **U** 13	neptunium 93 **Np** 12.5	plutonium 94 **Pu** 12	americium 95 **Am** 11.5	curium 96 **Cm** 11	berkelium 97 **Bk** 10.5	californium 98 **Cf** 10	einsteinium 99 **Es** 9.5	fermium 100 **Fm** 9	mendelevium 101 **Md** 8.5	nobelium 102 **No** 8	lawrencium 103 **Lr** 7.5

O SIGNIFICADO DE UM NÚMERO ESQUELÉTICO DE UM ELEMENTO

O número esquelético de um elemento é o número de pares de electrões de que necessita para atingir a configuração de gás nobre. Consideremos o número esquelético do carbono k=2, tal como apresentado na tabela periódica acima. Isto significa que se dermos ao átomo de carbono 2 pares de electrões "nus" ou ligandos de hidrogénio com 4 electrões ou uma mistura equivalente de ambos, o elemento carbono [C] obedecerá à regra do octeto. Podemos ilustrar este conceito com as seguintes equações.

(i) C: k=2, V=2k=4

$C+4H \rightarrow CH_4$

$C+3H+1e \rightarrow CH_3^{-1}$

$C+2H+2e \rightarrow CH_2^{2-}$

$C+1H+3e \rightarrow CH^{3-}$

$C+4e \rightarrow C^{4-}$

(ii) N: k=1,5, V=2k=3

$N+3H \rightarrow NH_3$

$N+2H+1e \rightarrow NH_2^{-1}$

$N+1H+2e \rightarrow NH^{2-}$

$N+3e \rightarrow N^{3-}$

(iii) B: k=2,5

$B+5H \rightarrow BH_5$

$B+4H+1e \rightarrow BH_4^{-1}$

SÍNTESE DE BORANOS COMUNS SELECCIONADOS

1. Síntese de $B\ H_{26}$

(a) $BH + BX_4{}^{-1}{}_3 \rightarrow B\ H_{26}$

(b) $BH + H_4{}^{-1}{}_3\ PO_4 \rightarrow B\ H_{26}$

(c) $BH + I_4{}^{-1}{}_2 \rightarrow B\ H_{26}$

2. Reacções de $B\ H_{26}$

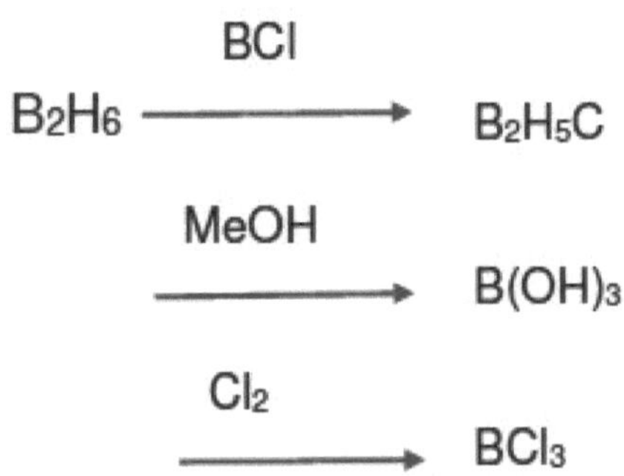

iv. $B\ H + H_{262}\ O = B(OH)_3 + H_2$

v. $B\ H + NH_{263} = B\ N\ H_{336} + H_2$

vi. v. $B\ H + NH_{263} = B\ N\ H_{336} + H_2$

vii. $B\ H_{26} + Na = NaBH + NaB\ H_{438}$

iv. $B\ H + H_{262}\ O = B(OH)_3 + H_2$

(b). Síntese de outros boranos

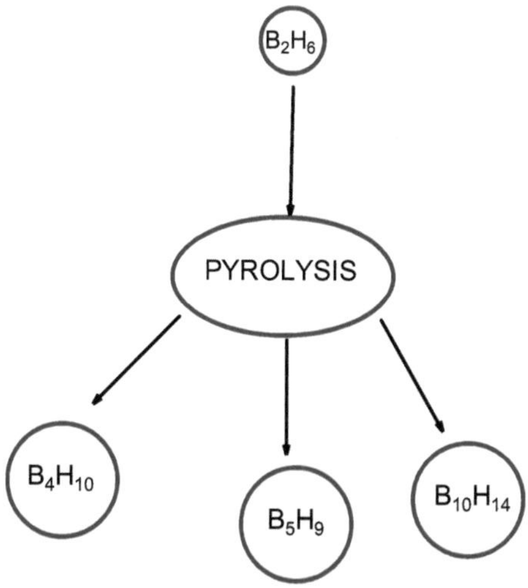

Figura 1.

viii. $B\ H_{26}$ +L =LBH_3 : L=Et N_3

ix. LBH_3 +$B\ H_{410}$ = $B\ H_{1212}^{2-}$

x. BH_3 +$RCH{=}CHR_2$ = $H\ BCHRCHR_{22}$

xi. NH_3 + $H\ BCHRCHR_{22}$ = $H\ NCHRCHR_{22}$

xii. X + $H\ BCHRCHR_{22}$ = $XCHRCHR_2$

xiii. $H_2\ O$ + $H\ BCHRCHR_{22}$ = $HOCHRCHR_2$

xiv. H^+ + $H\ BCHRCHR_{22}$ = $HCHRCHR_2$

PROPRIEDADES DOS BORANOS

(a) Os boranos inflamam-se espontaneamente quando em contacto com o ar.

(b) Sensível à humidade

LISTA SELECCIONADA DE BORANOS CONHECIDOS E SEUS PARENTES

TABELA 1. CLUSTERS DE BORANO SELECCIONADOS		
F	n	VF
LBH_3	1	8
BH_3	1	6
$B\ H_{27}^{-1}$	2	14
$B\ H_{22}^{2-}$	2	10
$B\ H_{26}$	2	12
$B\ LH_{37}$	3	18
$B\ H_{38}^{-1}$	3	18
$B\ H_{37}$	3	16
$B\ H_{33}^{2-}$	3	14
$B\ H_{44}^{2-}$	4	18
$B\ H_{47}^{-1}$	4	20
$B\ H_{410}$	4	22
$C\ B\ H_{235}$	5	22
$B\ H_{55}^{2-}$	5	22
$B\ H_{57}$	5	22
$B\ H_{510}^{-1}$	5	26
$B\ H_{58}^{-1}$	5	24
$B\ H\ L_{592}$	5	28
$B\ H_{59}$	5	24
$B\ H_{511}$	5	26
$C\ B\ H_{235}$	5	22
$C\ B\ H_{426}$	6	28

$B N H_{336}$	6	30
$CB H_{57}$	6	26
$B C H_{426}$	6	26
$C B H_{337}$	6	28
$CB H_{56}^{-1}$	6	26
$CB H_{59}$	6	28
$B C H_{428}$	6	28
$B H_{66}^{2-}$	6	26
$B H_{610}$	6	28
$B H_{612}$	6	30
$B H_{711}$	7	32
$B H_{77}^{2-}$	7	30
$B H_{712} Fe(CO)_4^{-1}$	8	50
$B H_{818}$	8	42
$B H_{816}$	8	40
$B H_{814}$	8	38
$B H_{88}^{2-}$	8	34
$B H_{812}$	8	36
$B C H_{628}$	8	34
$C B H_{2713}$	9	42
$B H_{912}^{-1}$	9	40
$B H_{917}$	9	44
$B H_{914}^{-1}$	9	42
$B H_{915}$	9	42
$C B H_{2713}$	9	42
$B H_{99}^{2-}$	9	38
$B H_{1026}$	10	56
$B H_{1015}^{-1}$	10	46
$C B H_{2814}$	10	46
$B C H_{8210}$	10	42
$C B H_{2812}$	10	44
$B H_{1010}^{2-}$	10	42
$B H_{1013}^{-1}$	10	44

$B\ H_{1014}$	10	44
$B\ H_{1113}^{-2}$	11	48
$C\ B\ H_{2911}^{2-}$	11	48
$B\ C\ H_{9213}$	11	48
$B\ H_{1111}^{2-}$	11	46
$C\ B\ H_{2911}^{2-}$	11	48
$C\ B\ H_{2912}^{-1}$	11	48
$C\ B\ H_{21012}$	12	50
$B\ H_{1212}^{2-}$	12	50
$C\ B\ H_{21012}$	12	50
$C\ B\ H_{21013}^{-1}$	12	52
$B_{11}\ PH_{12}$	12	50
$CPB\ H_{1011}$	12	50
$B\ H\ L_{12102}$	12	50
$B\ H_{1319}$	13	58
$B\ H_{1422}$	14	64
$B\ H_{1420}$	14	62
$B\ H_{1418}$	14	60
$B\ H_{1523}$	15	68
$B\ H_{1620}$	16	68
$B\ H_{1822}$	18	76
$B\ H_{2026}$	20	86
$B\ H_{2018}^{-2}$	20	80
B_{12}	12	36
B_{60}	60	180
B_{84}	84	252

UTILIZAÇÃO DE NÚMEROS ESQUELÉTICOS PARA ANALISAR E CATEGORIZAR GRUPOS QUÍMICOS

O SIGNIFICADO DO NÚMERO DO ESQUELETO**

B-1: $F=BH_3$ L; $L=NH_3$

$n=1$

$K=1(2.5)+3(-0.5)+1(-1)=0$

$K(n)=0(1)$

$K=n+t=1-1$

$y=1+t-n=1+(-1)-1=-1$

$z=n-y=1-(-1)=2$

$K^*=D\ C=D\ C^{zy2-1}$

$VE=4z+2+2y=4(2)+2+2(-1)=8$

$VE=8n-2K=8(1)-2(0)=8$

$K=2n-2$

$S=4n+4$

$VE=4n+4=4(1)+4=8$

Isto significa que o elemento esquelético boro (B) obedece à REGRA OCTET.

:H= ligando com 1 eletrão, logo k=-0,5, NH_3 é um ligando com 2 electrões, logo k=-1.

B-2: $F=B\ H_{37}$

$n=3$

K=3(2.5) +7(-0.5) =4

K(n)=4(3)

K=n+t=3+1

B: k=2,5, V=2k=5; deste modo, as ligações em cada ponto nodal de boro terão um equivalente de 5 ligações.

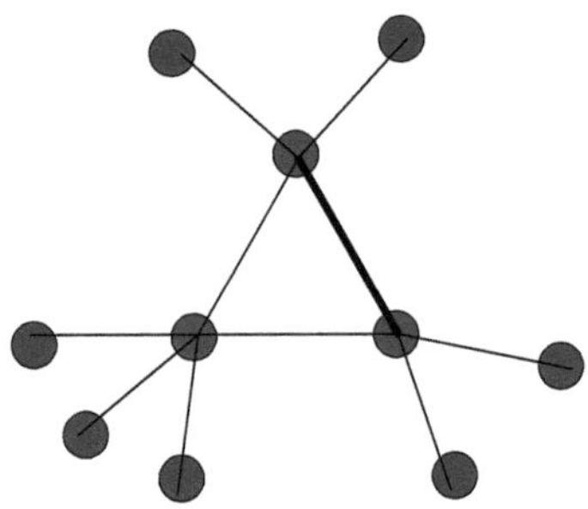

Figura 2.

O lado mais grosso representa o dobro da magnitude do lado mais pequeno.

y=1+t-n=1+1-3=-1

z=n-y=3-(-1) =4

$K^*=D\ C=D\ C^{zy41}$

VE=4z+2+2y=4(4) +2+2(1) =16

VE=8n-2K=8(3)-2(4) =16

K=2n-2

S=4n+4

VE=4n+4=4(3) +4=16

B-3: F=B H_{39}

n=3

K=3(2.5) +9(-0.5) =3

K(n)=3(3)

K=n+t=3+0

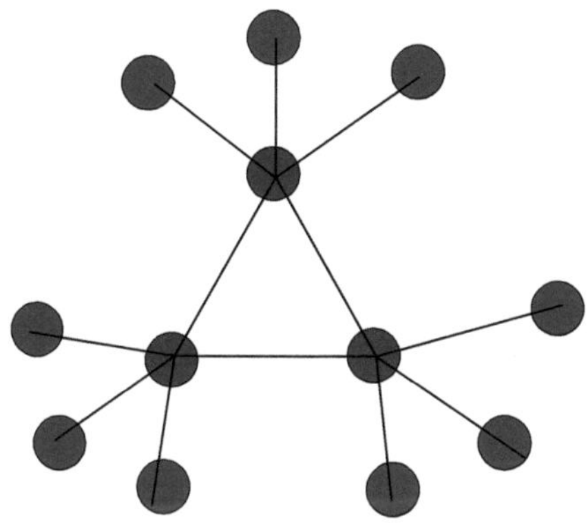

Figura 3.

y=1+t-n=1+0-3=-2

z=n-y=3-(-2) =5

K*=D C =D C^{zy5-2}

VE=4z+2+2y=4(5) +2+2(-2) =18

VE=8n-2K=8(3)-2(3) =18

K=2n-3

S=4n+6

VE=4n+6=4(3) +6=18

B-4: F=B H_{55}^{2-}

n=5

K=5(2.5) +5(-0.5) +2(-0.5) =9

K(n)=9(5)

K=n+t=5+4

B: k=2,5, V=2k=5

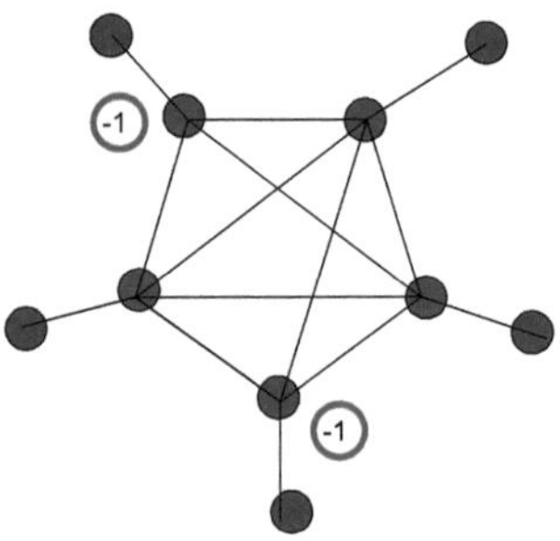

Figura 4.

A carga negativa num elemento nodal pode ser interpretada como uma falta de uma ligação esquelética.

y=1+t-n=1+4-5=0

z=n-y=5-(0) =5

$K^*=D\ C = D\ C^{zy50}$

VE=4z+2+2y=4(5) +2+2(0) =22

VE=8n-2K=8(5)-2(9) =22

K=2n-1

S=4n+2

VE=4n+2=4(5) +2=22

B-5: F=C B H_{235}

n=5

K=2(2)+3(2.5) +5(-0.5)=9

K(n)=9(5)

K=n+t=5+4

B: k=2,5, V=2k=5; C: k=2, V=2k=4

Isto significa que, em cada ponto nodal do boro, haverá 5 ligações, enquanto que para o ponto nodal do carbono haverá 4 ligações.

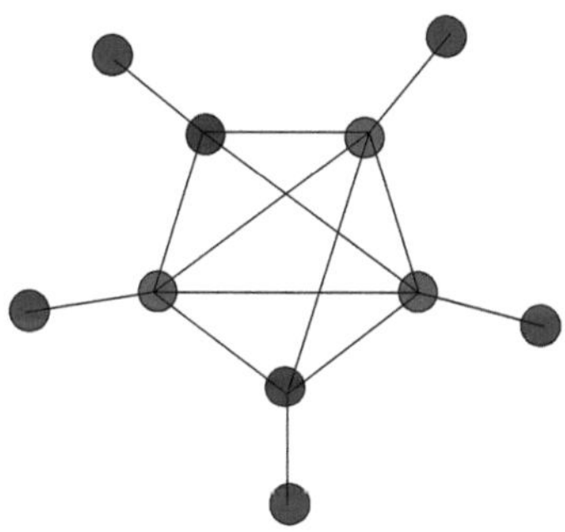

Figura 5.

y=1+t-n=1+4-5=0

z=n-y=5-(0) =5

K*=D C =D C^{zy50}

VE=4z+2+2y=4(5) +2+2(0) =22

VE=8n-2K=8(5)-2(9) =22

K=2n-1

S=4n+2

VE=4n+2=4(5) +2=22

B-6: $F=B\ H_{59}$

n=5

K=5(2.5) +9(-0.5) =8

K(n)=8(5)

K=n+t=5+3

B: k=2,5, V=2k=5 Isto significa que, em cada ponto nodal do boro, haverá 5 ligações

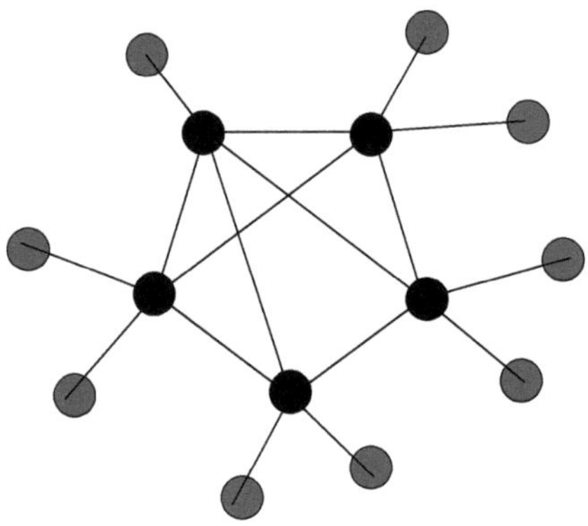

Figura 6.

y=1+t-n=1+3-5=-1

z=n-y=5-(-1) =6

$K^*=D\ C=D\ C^{zy6-1}$

VE=4z+2+2y=4(6) +2+2(-1) =24

VE=8n-2K=8(5)-2(8) =24

K=2n-2

S=4n+4

VE=4n+4=4(5) +4=24

B-7: $F=B\ H_{511}$

n=5

VF=27

K=5(2.5) +11(-0.5) =7

K(n)=7(5)

K=n+t=5+2

B: k=2,5, V=2k=5 Isto significa que, em cada ponto nodal do boro, haverá 5 ligações

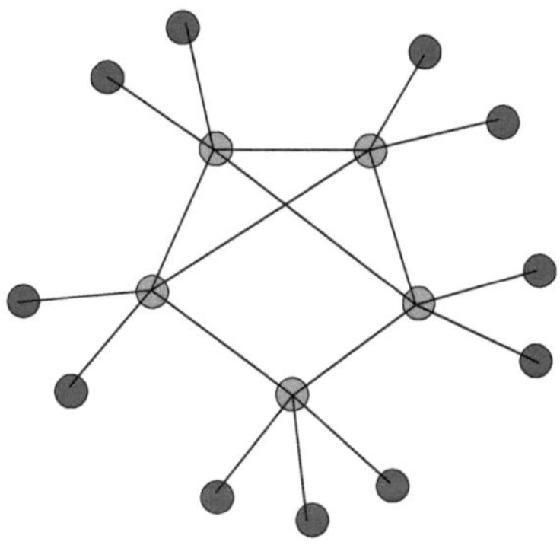

Figura 7.

y=1+t-n=1+2-5=-2

z=n-y=5-(-2) =7

K*=D C =D C^{zy7-2}

VE=4z+2+2y=4(7) +2+2(-2) =26

VE=8n-2K=8(5)-2(7) =26

K=2n-3

S=4n+6

VE=4n+6=4(5) +6=26

B-8: F=CB H_{57}

n=6

VF=26

K=1(2) +5(2.5) +7(-0.5) =11

K(n)=11(6)

K=n+t=6+5

y=1+t-n=1+5-6=0

z=n-y=6-(0) =6

K*=D C =D C^{zy60}

VE=4z+2+2y=4(6) +2+2(0) =26

VE=8n-2K=8(6)-2(11) =26

K=2n-1

S=4n+2

VE=4n+2=4(6) +2 =26

K=n+t=6+5

B: k=2,5, V=2k=5; C: k=2, V=2k=4

K=n+t=6+5

B: k=2,5, V=2k=5; C: k=2, V=2k=4

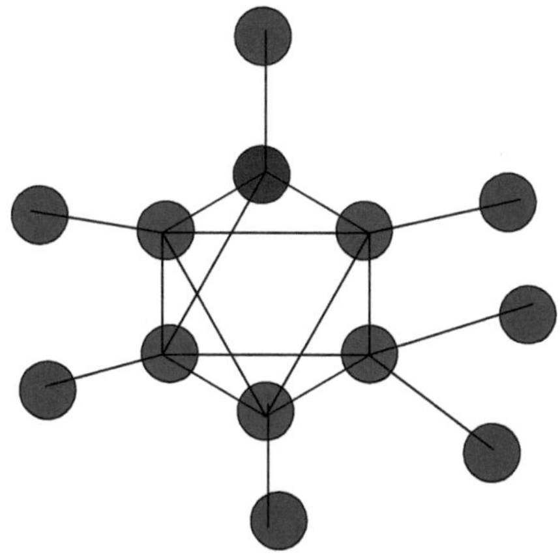

Figura 8.

B-9: F=B N H_{336}

n=6

VF=30

K=3(2.5) +3(1.5) +6(-0.5) =9

K(n)=9(6)

K=n+t=6+3

y=1+t-n=1+3-6=-2

z=n-y=6-(-2) =8

K*=D C =D C^{zy8-2}

VE=4z+2+2y=4(8) +2+2(-2) =30

VE=8n-2K=8(6)-2(9) =30

K=2n-3

S=4n+6

VE=4n+6=4(6) +6 =30

6K=n+t=6+3

B: k=2,5, V=2k=5; C: k=2, V=2k=4

K=n+t=6+5

B: k=2,5, V=2k=5; C: k=2, V=2k=4

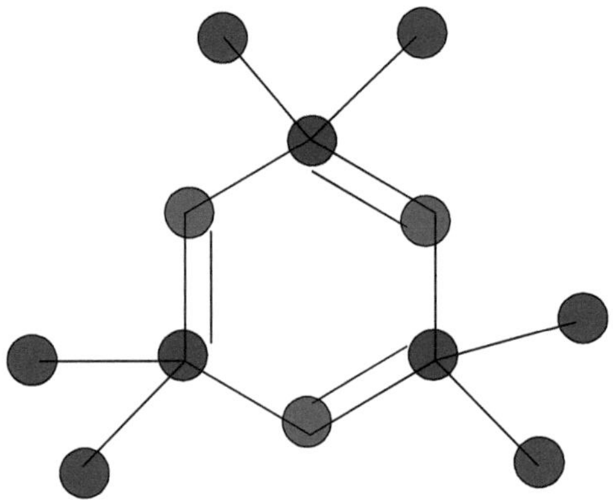

Figura 9.

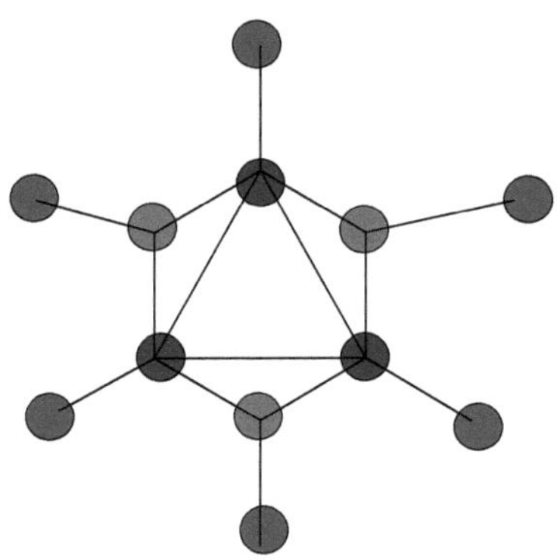

Figura 10.

B-10: F=B C H_{426}

n=6

VF=26

K=4(2.5) +2(2) +6(-0.5) =11

K(n)=11(6)

K=n+t=6+5

y=1+t-n=1+5-6=0

z=n-y=6-(0) =6

K*=D C =D C^{zy60}

VE=4z+2+2y=4(6) +2+2(0) =26

VE=8n-2K=8(6)-2(11) =26

K=2n-1

S=4n+2

VE=4n+2=4(6) +2 =26

K=n+t=6+5

B: k=2,5, V=2k=5; C: k=2, V=2k=4

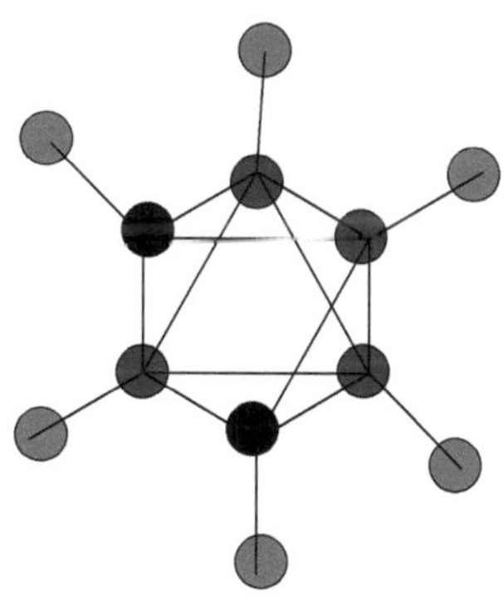

Figura 11.

B-11: F=B C H_{337}

n=6

VF=28

K=3(2.5) +3(2) +7(-0.5) =10

K(n)=10(6)

K=n+t=6+4

y=1+t-n=1+4-6=-1

z=n-y=6-(-1) =7

K^{*}=D C =D C^{zy7-1}

VE=4z+2+2y=4(7) +2+2(-1)=28

VE=8n-2K=8(6)-2(10) =28

K=2n-2

S=4n+4

VE=4n+4=4(6) +4 =28

K=n+t=6+4

B: k=2,5, V=2k=5; C: k=2, V=2k=4

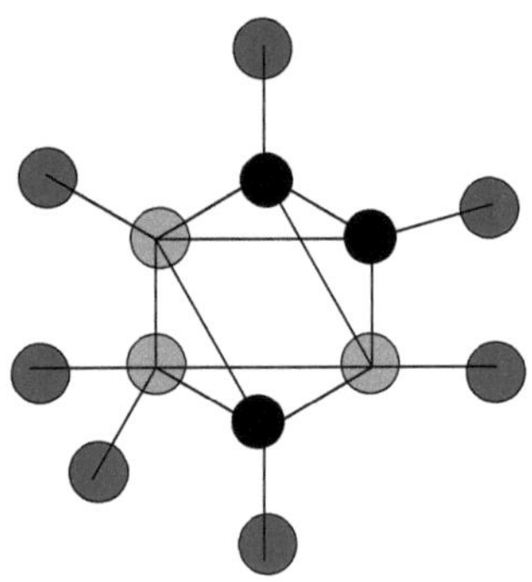

Figura 12.

B-12: F=B_5 CH_9

n=6

VF=28

K=5(2.5) +1(2) +9(-0.5) =10

K(n)=10(6)

K=n+t=6+4

y=1+t-n=1+4-6=-1

z=n-y=6-(-1) =7

$K^*=D\ C = D\ C^{zy7-1}$

VE=4z+2+2y=4(7) +2+2(-1) =28

VE=8n-2K=8(6)-2(10) =28

K=2n-2

S=4n+4

VE=4n+4=4(6) +4 =28

K=n+t=6+4

B: k=2,5, V=2k=5; C: k=2, V=2k=4

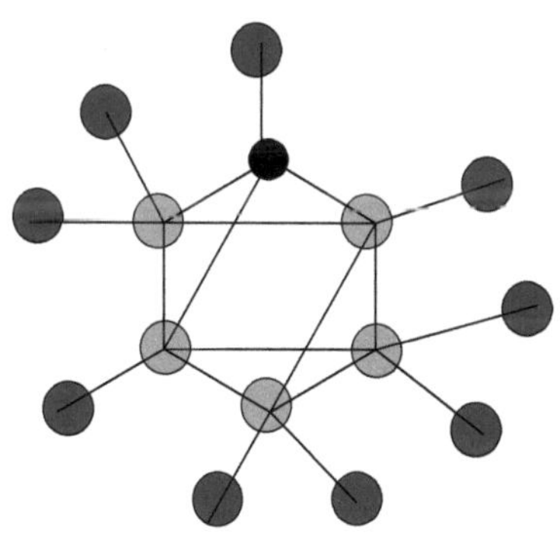

Figura 13.

B-13: $F=B\ C\ H_{428}$

n=6

VF=28

K=4(2.5) +2(2) +8(-0.5) =10

K(n)=10(6)

K=n+t=6+4

y=1+t-n=1+4-6=-1

z=n-y=6-(-1) =7

K*=D C =D C^{zy7-1}

VE=4z+2+2y=4(7) +2+2(-1) =28

VE=8n-2K=8(6)-2(10) =28

K=2n-2

S=4n+4

VE=4n+4=4(6) +4 =28

K=n+t=6+4

B: k=2,5, V=2k=5; C: k=2, V=2k=4

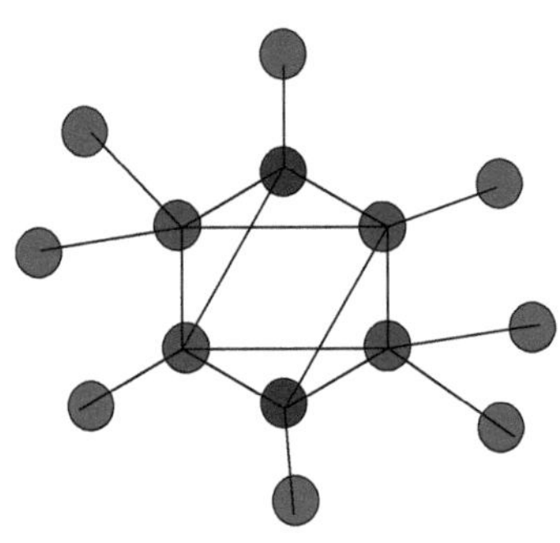

Figura 14.

B-14: F=B H_{77}^{2-}

n=7

VF=30

K=7(2.5) +7(-0.5) +2(-0.5) =13

K(n)=13(7)

K=n+t=7+6

y=1+t-n=1+6-7=0

z=n-y=7-(0) =7

K*=D C =D C^{zy70}

VE=4z+2+2y=4(7) +2+2(0) =30

VE=8n-2K=8(7)-2(13) =30

K=2n-1

S=4n+2

VE=4n+2=4(7) +2 =30

K=n+t=7+6

B: k=2,5, V=2k=5; C: k=2, V=2k=4

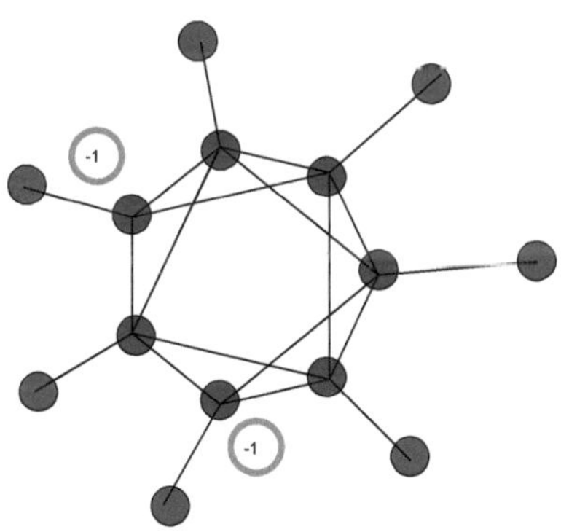

Figura 15.

B-15: F=B H_{88}^{2-}

n=8

VF=34

K=8(2.5) +8(-0.5) +2(-0.5) =15

K(n)=15(8)

K=n+t=8+7

y=1+t-n=1+7-8=0

z=n-y=8-(0) =8

K*=D C =D C^{zy80}

VE=4z+2+2y=4(8) +2+2(0) =34

VE=8n-2K=8(8)-2(15) =34

K=2n-1

S=4n+2

VE=4n+2=4(8) +2 =34

K=n+t=8+7

B: k=2,5, V=2k=5; C: k=2, V=2k=4

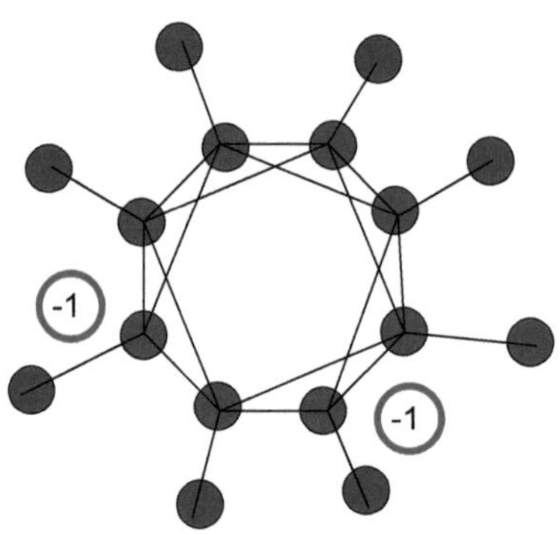

Figura 16.

B-16: F=B H_{814}

n=8

VF=38

$K=8(2.5)+14(-0.5)=13$

$K(n)=13(8)$

$K=n+t=8+5$

$y=1+t-n=1+5-8=-2$

$z=n-y=8-(-2)=10$

$K^{*}=D\ C=D\ C^{zy10-2}$

$VE=4z+2+2y=4(10)+2+2(-2)=38$

$VE=8n-2K=8(8)-2(13)=38$

$K=2n-3$

$S=4n+6$

$VE=4n+6=4(8)+6=38$

$K=n+t=8+5$

B: k=2,5, V=2k=5; C: k=2, V=2k=4

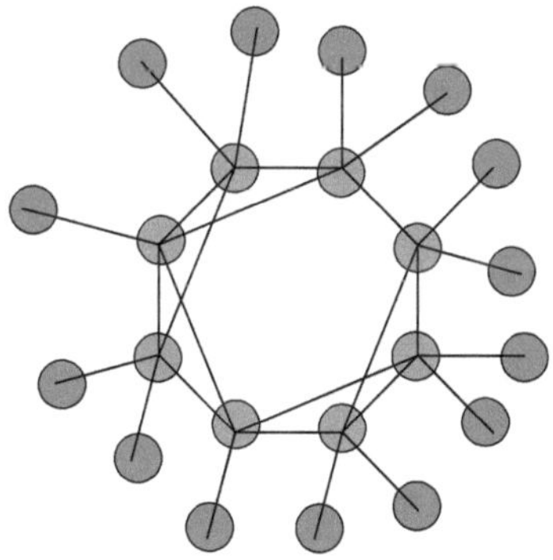

Figura 17.

B-18: $F=B\ H_{99}^{2-}$

$n=9$

$VF=38$

$K=9(2.5)+9(-0.5)+2(-0.5)=17$

$K(n)=17(9)$

$K=n+t=9+8$

$y=1+t-n=1+8-9=0$

$z=n-y=9-(0)=9$

$K^{*}=D\ C=D\ C^{zy90}$

$VE=4z+2+2y=4(9)+2+2(0)=38$

$VE=8n-2K=8(9)-2(17)=38$

$K=2n-1$

$S=4n+2$

$VE=4n+2=4(9)+2=38$

$K=n+t=9+8$

B: k=2,5, V=2k=5

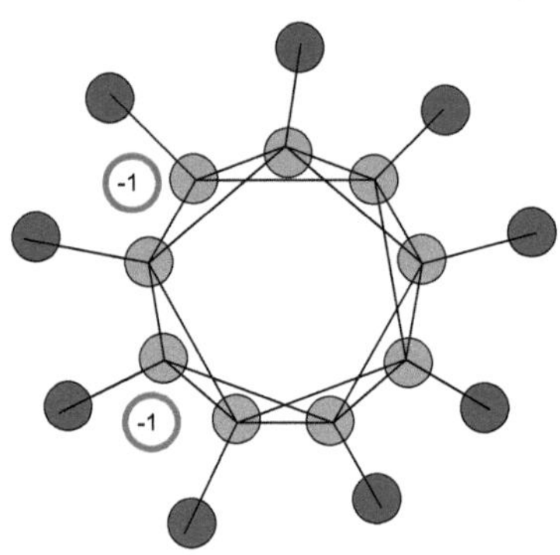

Figura 19.

B-19: $F=B\ H_{915}$

$n=9$

$VF=42$

$K=9(2.5)+15(-0.5)=15$

$K(n)=15(9)$

$K=n+t=9+6$

$y=1+t-n=1+6-9=-2$

$z=n-y=9-(-2)=11$

$K^*=D\ C=D\ C^{zy11-2}$

$VE=4z+2+2y=4(11)+2+2(-2)=42$

$VE=8n-2K=8(9)-2(15)=42$

$K=2n-3$

$S=4n+6$

$VE=4n+6=4(9)+6=42$

$K=n+t=9+6$

B: k=2,5, V=2k=5

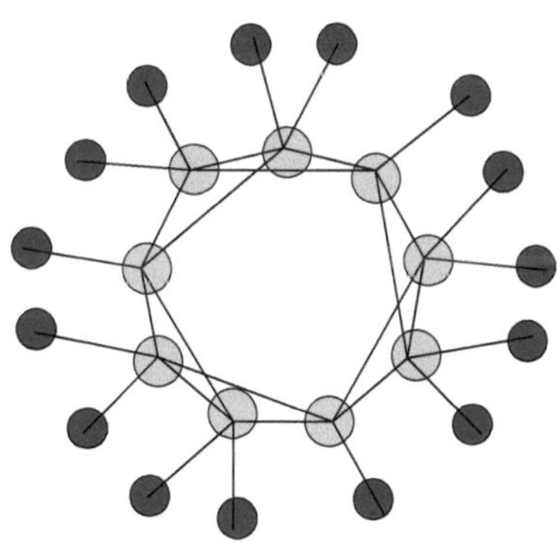

Figura 20.

B-20: $F=C\ B\ H_{2713}$

n=9

VF=42

$K=2(2)+7(2.5)+13(-0.5)=15$

$K(n)=15(9)$

$K=n+t=9+6$

$y=1+t-n=1+6-9=-2$

$z=n-y=9-(-2)=11$

$K^{*}=D\ C=D\ C^{zy11-2}$

$VE=4z+2+2y=4(11)+2+2(-2)=42$

$VE=8n-2K=8(9)-2(15)=42$

$K=2n-3$

$S=4n+6$

$VE=4n+6=4(9)+6=42$

$K=n+t=9+6$

B: k=2,5, V=2k=5

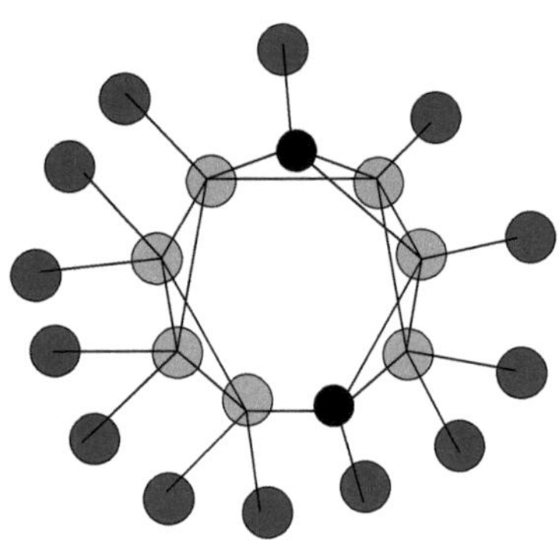

Figura 21.

B-21: $F=B\ H_{1010}^{2-}$

$n=10$

$VF=42$

$K=10(2.5)+10(-0.5)+2(-0.5)=19$

K(n)=19(10)

K=n+t=10+9

y=1+t-n=1+9-10=0

z=n-y=10-(0) =10

K^{*}=D C =D C^{zy100}

VE=4z+2+2y=4(10) +2+2(0) =42

VE=8n-2K=8(10)-2(19) =42

K=2n-1

S=4n+2

VE=4n+2=4(10) +2 =42

K=n+t=10+9

B: k=2,5, V=2k=5

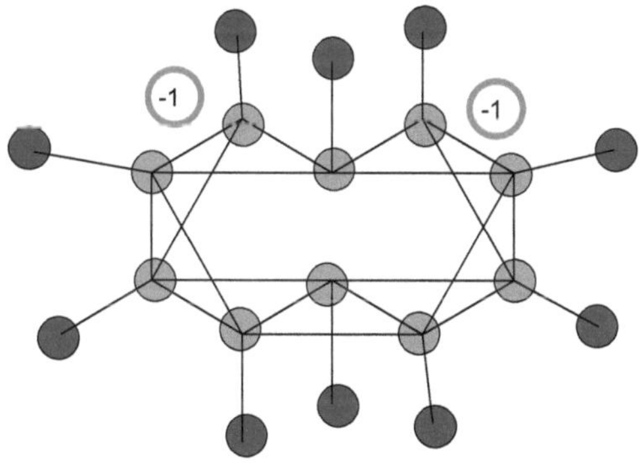

Figura 22.

B-22: F=B H_{1014}

n=10

VF=44

K=10(2.5) +14(-0.5) =18

$K(n)=18(10)$

$K=n+t=10+8$

$y=1+t-n=1+8-10=-1$

$z=n-y=10-(-1)=11$

$K^{*}=D\ C=D\ C^{zy11-1}$

$VE=4z+2+2y=4(11)+2+2(-1)=44$

$VE=8n-2K=8(10)-2(18)=44$

$K=2n-2$

$S=4n+4$

$VE=4n+4=4(10)+4=44$

$K=n+t=10+8$

B: k=2,5, V=2k=5

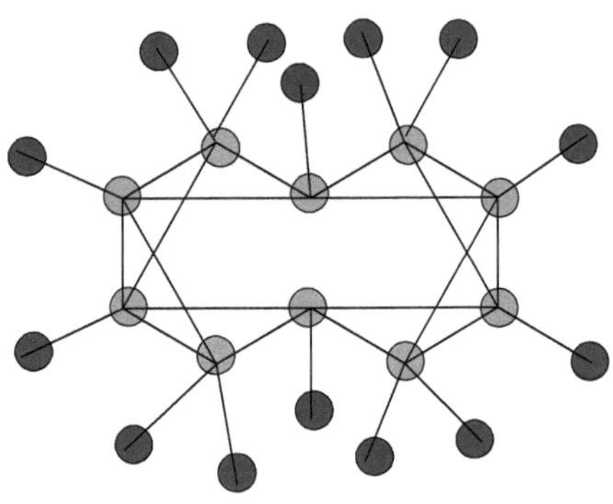

Figura 23.

B-23: $F=B\ H_{1111}^{2-}$

$n=11$

$VF=46$

$K=11(2.5)+11(-0.5)+2(-1)=21$

K(n)=21(11)

K=n+t=11+10

y=1+t-n=1+10-11=0

z=n-y=11-(0) =11

K*=D C =D C^{zy110}

VE=4z+2+2y=4(11) +2+2(0) =46

VE=8n-2K=8(11)-2(21) =46

K=2n-1

S=4n+2

VE=4n+2=4(11) +4 =44

K=n+t=11+10

B: k=2,5, V=2k=5

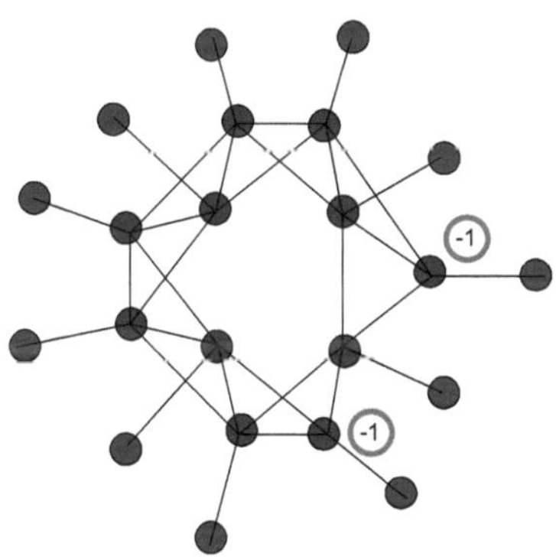

Figura 24.

B-24: F=B H_{1115}

n=11

VF=48

K=11(2.5) +15(-0.5) =20

$K(n)=20(11)$

$K=n+t=11+9$

$y=1+t-n=1+9-11=-1$

$z=n-y=11-(-1)=12$

$K^{*}=D\ C=D\ C^{zy12-1}$

$VE=4z+2+2y=4(12)+2+2(-1)=48$

$VE=8n-2K=8(11)-2(20)=48$

$K=2n-2$

$S=4n+4$

$VE=4n+4=4(11)+4=44$

$K=n+t=11+9$

B: k=2,5, V=2k=5

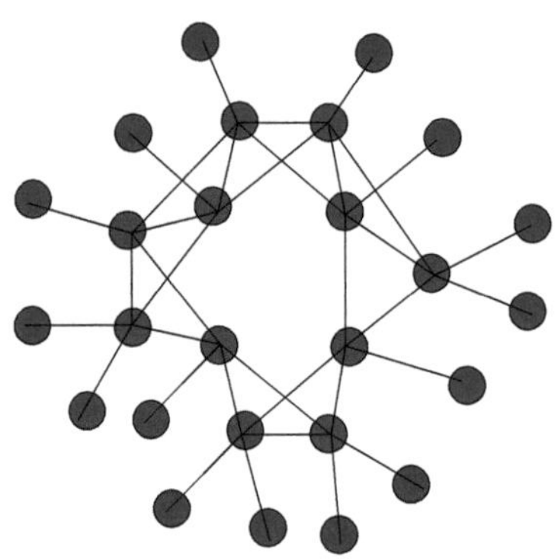

Figura 25.

B-25: $F=C\ B\ H_{2913}$

n=11

VF=48

$K=2(2)+9(2.5)+13(-0.5)=20$

$K(n)=20(11)$

$K=n+t=11+9$

$y=1+t-n=1+9-11=-1$

$z=n-y=11-(-1)=12$

$K^*=D\ C=D\ C^{zy12-1}$

$VE=4z+2+2y=4(12)+2+2(-1)=48$

$VE=8n-2K=8(11)-2(20)=48$

$K=2n-2$

$S=4n+4$

$VE=4n+4=4(11)+4=44$

$K=n+t=11+9$

B: k=2,5, V=2k=5

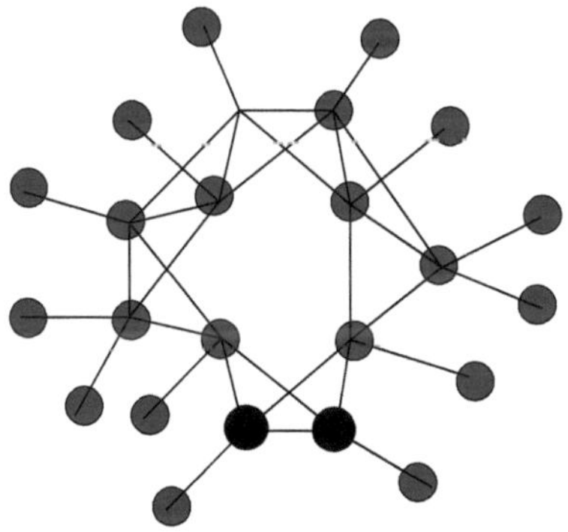

Figura 26.

B-26: $F=B\ H_{1319}$

$n=13$

$VF=58$

$K=13(2.5)+19(-0.5)=23$

$K(n)=23(13)$

$K=n+t=13+10$

$y=1+t-n=1+10-13=-2$

$z=n-y=13-(-2)=15$

$K^*=D\ C=D\ C^{zy15-2}$

$VE=4z+2+2y=4(15)+2+2(-2)=58$

$VE=8n-2K=8(13)-2(23)=58$

$K=2n-3$

$S=4n+6$

$VE=4n+6=4(13)+6=58$

K=n+t=13+10

B: k=2,5, V=2k=5

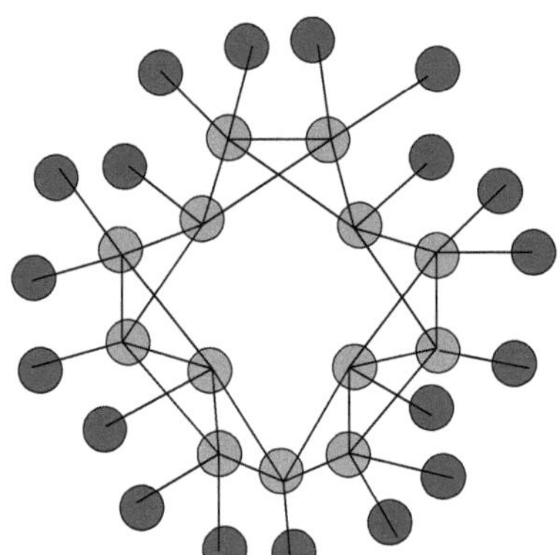

Figura 27.

B-27: F=B H_{1418}

n=14

VF=60

K=14(2.5) +18(-0.5) =26

K(n)=26(14)

K=n+t=14+12

y=1+t-n=1+12-14=-1

z=n-y=14-(-1) =15

K*=D C =D C^{zy15-1}

VE=4z+2+2y=4(15) +2+2(-1) =60

VE=8n-2K=8(14)-2(26) =60

K=2n-2

S=4n+4

VE=4n+4=4(14) +4 =60

K=n+t=14+12

B: k=2,5, V=2k=5

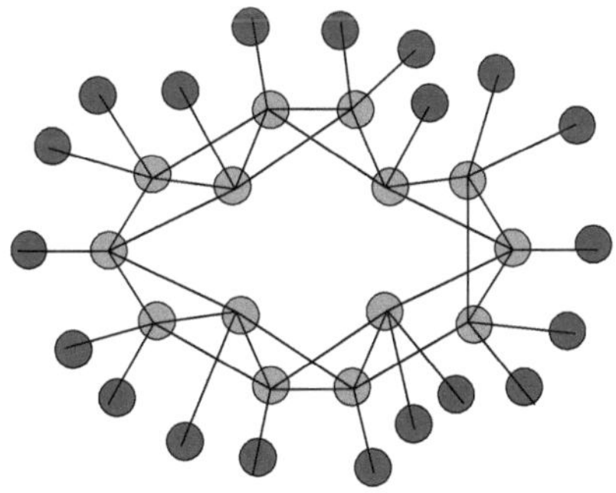

Figura 28.

B-28: F=B H_{1523}

n=15

VF=68

K=15(2.5) +23(-0.5) =26

K(n)=26(15)

K=n+t=15+11

y=1+t-n=1+11-15=-3

z=n-y=15-(-3) =18

K*=D C =D C^{zy18-3}

VE=4z+2+2y=4(18) +2+2(-3) =68

VE=8n-2K=8(15)-2(26) =68

K=2n-4

S=4n+8

VE=4n+8=4(15) +8 =68

K=n+t=15+11

B: k=2,5, V=2k=5

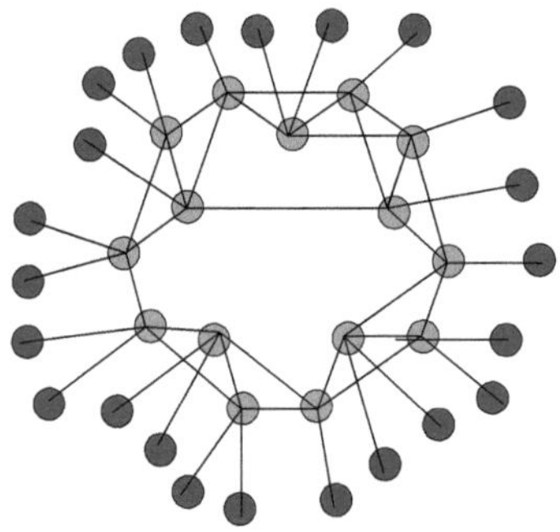

Figura 29.

B-29: F=B H_{1620}

n=16

VF=68

K=16(2.5) +20(-0.5) =30

K(n)=30(16)

K=n+t=16+14

y=1+t-n=1+14-16=-1

z=n-y=16-(-1) =17

K*=D C =D C^{zy17-1}

VE=4z+2+2y=4(17) +2+2(-1) =68

VE=8n-2K=8(15)-2(26) =68

K=2n-2

S=4n+4

VE=4n+4=4(16) +4 =68

K=n+t=16+14

B: k=2,5, V=2k=5

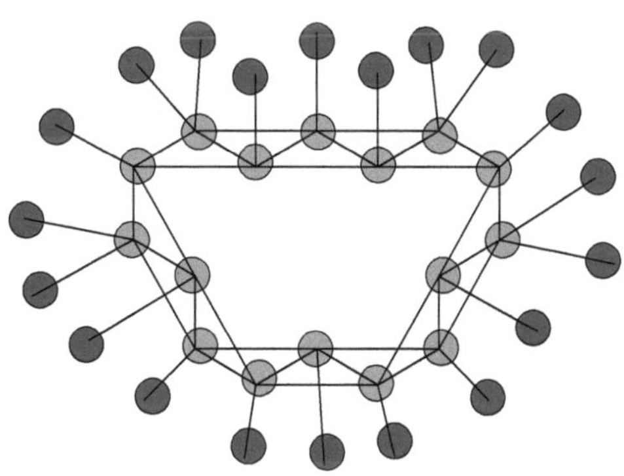

Figura 30.

B-30: F=B H_{1822}

n=18

VF=76

K=18(2.5) +22(-0.5) =34

K(n)=34(18)

K=n+t=18+16

y=1+t-n=1+16-18=-1

z=n-y=18-(-1) =19

K*=D C =D C^{zy19-1}

VE=4z+2+2y=4(19) +2+2(-1) =76

VE=8n-2K=8(18)-2(34) =76

K=2n-2

S=4n+4

VE=4n+4=4(18) +4 =76

K=n+t=18+16

B: k=2,5, V=2k=5

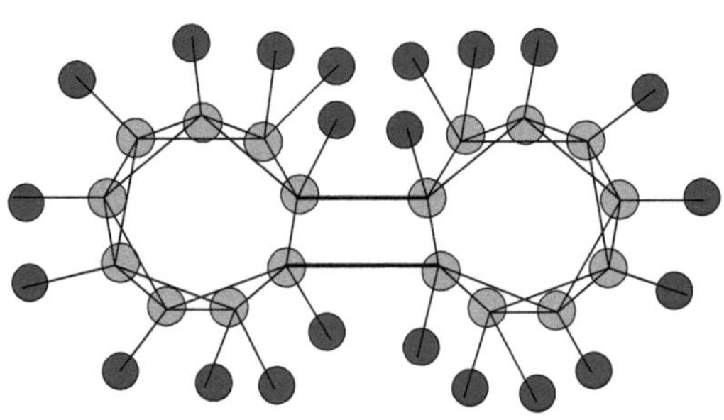

Figura 31.

B-31: $F=B_2$

n=2

VF=6

J=VF-2n=6-2(2) =2

z=J/2-1=2/2-1=1-1=0

y=n-z=2-0=2

K*=D C =D C^zy02^

VE=4z+2+2y=4(0) +2+2(2) =6

K=2z-1+3y=2(0)-1+3(2) =5

K(n)=5(2)

VE=8n-2K=8(2)-2(5) =6

K=2n+1

S=4n-2

VE=4n-2=4(2)-2=6

B-32: $F=B_4$

n=4

VF=12

J=VF-2n=12-2(4) =4

z=J/2-1=4/2-1=2-1=1

y=n-z=4-1=3

$K^*=D\ C\ =D\ C^{zy13}$

VE=4z+2+2y=4(1) +2+2(3) =12

K=2z-1+3y=2(1)-1+3(3) =10

K(n)=10(4)

VE=8n-2K=8(4)-2(10) =12

K=2n+2

S=4n-4

VE=4n-4=4(4)-4=12

B-33: $F=B_6$

n=6

VF=18

J=VF-2n=18-2(6) =6

z=J/2-1=6/2-1=3-1=2

y=n-z=6-2=4

$K^*=D\ C\ =D\ C^{zy24}$

VE=4z+2+2y=4(2) +2+2(4) =18

K=2z-1+3y=2(2)-1+3(4) =15

K(n)=15(6)

VE=8n-2K=8(6)-2(15) =18

K=2n+3

S=4n-6

VE=4n-6=4(6)-6=18

B-34: $F=B_8$

n=8

VF=24

J=VF-2n=24-2(8) =8

z=J/2-1=8/2-1=4-1=3

y=n-z=8-3=5

K*=D C =D C^{zy35}

VE=4z+2+2y=4(3) +2+2(5) =24

K=2z-1+3y=2(3)-1+3(5) =20

K(n)=20(8)

VE=8n-2K=8(8)-2(20) =24

K=2n+4

S=4n-8

VE=4n-8=4(8)-8=24

B-35: $F=B_{10}$

n=10

VF=30

J=VF-2n=30-2(10) =10

z=J/2-1=10/2-1=5-1=4

y=n-z=10-4=6

$K^*=D\ C\ =D\ C^{zy46}$

VE=4z+2+2y=4(4) +2+2(6) =30

K=2z-1+3y=2(4)-1+3(6) =25

K(n)=25(10)

VE=8n-2K=8(10)-2(25) =30

K=2n+5

S=4n-10

VE=4n-10=4(10)-10=30

B-36: $F=B_{12}$

n=12

VF=36

J=VF-2n=36-2(12) =12

z=J/2-1=12/2-1=6-1=5

y=n-z=12-5=7

$K^*=D\ C\ =D\ C^{zy57}$

VE=4z+2+2y=4(5) +2+2(7) =36

K=2z-1+3y=2(5)-1+3(7) =30

K(n)=30(12)

VE=8n-2K=8(12)-2(30) =36

K=2n+6

S=4n-12

VE=4n-12=4(12)-12=36

B-37: $F=B_{14}$

n=14

VF=42

J=VF-2n=42-2(14) =14

z=J/2-1=14/2-1=7-1=6

y=n-z=14-6=8

K*=D C =D C^{zy68}

VE=4z+2+2y=4(6) +2+2(8) =42

K=2z-1+3y=2(6)-1+3(8) =35

K(n)=35(14)

VE=8n-2K=8(14)-2(35) =42

K=2n+7

S=4n-14

VE=4n-14=4(14)-14=42

B-38: $F=B_{16}$

n=16

VF=48

J=VF-2n=48-2(16) =16

z=J/2-1=16/2-1=8-1=7

y=n-z=16-7=9

$K^*=D\ C\ =D\ C^{zy79}$

VE=4z+2+2y=4(7) +2+2(9) =48

K=2z-1+3y=2(7)-1+3(9) =40

K(n)=40(16)

VE=8n-2K=8(16)-2(40) =48

K=2n+8

S=4n-16

VE=4n-14=4(16)-16=48

B-39: $F=B_{18}$

n=18

VF=54

J=VF-2n=54-2(18) =18

z=J/2-1=18/2-1=9-1=8

y=n-z=16-7=9

$K^*=D\ C\ =D\ C^{zy810}$

VE=4z+2+2y=4(8) +2+2(10) =54

K=2z-1+3y=2(8)-1+3(10) =45

K(n)=45(18)

VE=8n-2K=8(18)-2(45) =54

K=2n+9

S=4n-18

VE=4n-18=4(18)-18=54

B-40: $F=B_{20}$

n=20

VF=60

J=VF-2n=60-2(20) =20

z=J/2-1=20/2-1=10-1=9

y=n-z=20-9=11

$K^*=D\ C\ =D\ C^{zy911}$

VE=4z+2+2y=4(9) +2+2(11) =60

K=2z-1+3y=2(9)-1+3(11) =50

K(n)=50(20)

VE=8n-2K=8(20)-2(50) =60

K=2n+10

S=4n-20

VE=4n-20=4(20)-20=60

B-41: $F=B_{60}$

n=60

VF=180

J=VF-2n=180-2(60) =60

z=J/2-1=60/2-1=30-1=29

y=n-z=60-29=31

K*=D C =D C^{zy2931}

VE=4z+2+2y=4(29) +2+2(31) =180

K=2z-1+3y=2(29)-1+3(31) =150

K(n)=150(60)

VE=8n-2K=8(60)-2(150) =180

K=2n+30

S=4n-60

VE=4n-60=4(60)-60=180

B-42: $F=B_{84}$

n=84

VF=252

J=VF-2n=252-2(84) =84

z=J/2-1=84/2-1=42-1=41

y=n-z=84-41=43

K*=D C =D C^{zy4143}

VE=4z+2+2y=4(41) +2+2(43) =252

K=2z-1+3y=2(41)-1+3(43) =210

K(n)=210(84)

VE=8n-2K=8(84)-2(210) =252

K=2n+42

S=4n-84

VE=4n-84=4(84)-84=252

QUADRO 2. SÉRIES DE CLUSTERS DE BORO PURO

F	n	K*	K	VE	VF
B_2	2	D C^{02}	5	6	6
B_4	4	D C^{13}	10	12	12
B_6	6	D C^{24}	15	18	18
B_8	8	D C^{35}	20	24	24
B_{10}	10	D C^{46}	25	30	30
B_{12}	12	D C^{57}	30	36	36
B_{14}	14	D C^{68}	35	42	42
B_{16}	16	D C^{79}	40	48	48
B_{18}	18	D C^{810}	45	54	54
B_{20}	20	D C^{911}	50	60	60
B_{22}	22	D C^{1012}	55	66	66
B_{24}	24	D C^{1113}	60	72	72
B_{26}	26	D C^{1214}	65	78	78
B_{28}	28	D C^{1315}	70	84	84
B_{30}	30	D C^{1416}	75	90	90
B_{32}	32	D C^{1517}	80	96	96
B_{34}	34	D C^{1618}	85	102	102
B_{36}	36	D C^{1719}	90	108	108
B_{38}	38	D C^{1820}	95	114	114
B_{40}	40	D C^{1921}	100	120	120
B_{42}	42	D C^{2022}	105	126	126
B_{44}	44	D C^{2123}	110	132	132
B_{46}	46	D C^{2224}	115	138	138
B_{48}	48	D C^{2325}	120	144	144
B_{50}	50	D C^{2426}	125	150	150
B_{52}	52	D C^{2527}	130	156	156
B_{54}	54	D C^{2628}	135	162	162
B_{56}	56	D C^{2729}	140	168	168
B_{58}	58	D C^{2830}	145	174	174
B_{60}	60	D C^{2931}	150	180	180
B_{62}	62	D C^{3032}	155	186	186

B_{64}	64	D C^{3133}	160	192	192
B_{66}	66	D C^{3234}	165	198	198
B_{68}	68	D C^{3335}	170	204	204
B_{70}	70	D C^{3436}	175	210	210
B_{72}	72	D C^{3537}	180	216	216
B_{74}	74	D C^{3638}	185	222	222
B_{76}	76	D C^{3739}	190	228	228
B_{78}	78	D C^{3840}	195	234	234
B_{80}	80	D C^{3941}	200	240	240
B_{82}	82	D C^{4042}	205	246	246
B_{84}	84	D C^{4143}	210	252	252
B_{86}	86	D C^{4244}	215	258	258
B_{88}	88	D C^{4345}	220	264	264
B_{90}	90	D C^{4446}	225	270	270
B_{92}	92	D C^{4547}	230	276	276
B_{94}	94	D C^{4648}	235	282	282
B_{96}	96	D C^{4749}	240	288	288
B_{98}	98	D C^{4850}	245	294	294
B_{100}	100	D C^{4951}	250	300	300

RECONHECIMENTO

O autor deseja agradecer à sua família por ter proporcionado um ambiente propício à realização do trabalho, e também deseja agradecer a Turigye Micheal pela ajuda na edição do trabalho.

REFERÊNCIAS

BORANOS E A VALÊNCIA ESQUELÉTICA DE CINCO
Kiremire, Enos
Publicado por LAP LAMBERT Academic Publishing, 2020
ISBN 10: 6200787743 / ISBN 13: 9786200787743

ANÁLISE QUALITATIVA DOS IÕES ZINTL
Enos Masheija Rwantale Kiremire
ISBN 10: 6207843290 / ISBN 13: 9786207843299

Publicado por LAP LAMBERT Academic Publishing Aug 2024.

Ordem dos aglomerados químicos: Números esqueléticos e árvores de clusters
Enos Kiremire
Publicado por LAP LAMBERT Academic Publishing Ago 2018, 2018
ISBN 10: 6139898943 / ISBN 13: 9786139898947

APLICAÇÃO DOS NÚMEROS ESQUELÉTICOS
Enos Masheija Rwantale Kiremire
Publicado por LAP LAMBERT Academic Publishing Mrz 2023, 2023
ISBN 10: 6206153967 / ISBN 13: 9786206153962

NÚMEROS ESQUELÉTICOS E LIGAÇÕES NA SIMETRIA DE AGRUPAMENTO
Enos Masheija Rwantale Kiremire
Publicado por LAP LAMBERT Academic Publishing Dez 2020, 2020
ISBN 10: 6203197637 / ISBN 13: 9786203197631

Aplicação de números esqueléticos para categorizar aglomerados químicos
Enos Kiremire
Publicado por LAP LAMBERT Academic Publishing Set 2018, 2018
ISBN 10: 3330028246 / ISBN 13: 9783330028241

ÍNDICE DE CONTEÚDOS

MIX
Papier aus verantwortungsvollen Quellen
Paper from responsible sources
FSC® C105338

Printed by Books on Demand GmbH, Norderstedt / Germany